序

　　水彩画是一个非常古老的画种，世界上许多著名的绘画大师都使用这种表现形式进行创作或写生。水彩画所使用的绘画工具和材料相对其他画种而言较简单、方便，但其展现的独特效果与艺术魅力广受民众的喜爱。水彩画传入我国已有一百多年历史，在我国有着广泛的群众基础，在我们读书的那个年代，中小学的美术课常用的绘画材料就是水彩。我国高等学校的建筑学专业更是将水彩绘画与渲染作为美术学习的基础。以李剑晨先生、华宜玉先生等为代表的国内许多著名水彩画家在建筑院校从事水彩画教学，并培养出吴良镛院士、齐康院士、钟训正院士等著名的建筑设计大师，而著名建筑设计家杨廷宝、梁思成、童寯等先生的水彩画作品更是展现了建筑设计大师们的艺术素质与才华。

　　建筑学学科是一门集科学与艺术为一体，综合性较强，涉及面极为广泛的设计学科，而建筑学专业美术课中的水彩画课程学习不仅提高了学生的绘画造型与表现能力，极大地丰富了建筑师表达设计创意的语言形式，而且会不断地提高建筑师们的艺术修养。人们对艺术的学习与欣赏有很多途径，比如可以去美术馆、博物馆参观画展与藏品，去歌剧院或音乐厅看演出、听音乐，总之，艺术不仅可以给人带来美的享受，而且还可以提升人的素质，净化人的心灵。艺术素质对建筑师培养的重要性是不言而喻的，水彩画作为建筑学专业学生在校期间所学的美术基础课之一，其发挥的作用与体现的价值，也是经过国内外高等院校建筑学专业人才培养实践所证明的。

　　我和陈方达老师相识于二十世纪九十年代，我们从初出茅庐的青年教师到现在两鬓白霜、人到中年，在建筑学院从事美术基础教学岗位上已走过了近30年。陈老师是一个努力、敬业的人，对水彩艺术的热爱与孜孜不倦的追求，使他的水彩画作品风格鲜明，具有独特的艺术魅力。经过多年的教学实践与艺术创作的积累，《建筑水彩画技法与写生实例分析》一书呈现了陈方达老师以建筑为主要表现题材的水彩画研究成果与心得。该书从水彩画的起源与发展历程梳理了水彩画艺术的发展脉络；从材料工具与表现方法步骤展现了水彩画画种的特点；从色彩的表达与表现语言的建构总结了在教学与绘画艺术创作中对水彩画艺术的探索经验。该书的出版为从事建筑学专业的学生和广大水彩爱好者提供了一部学习水彩画艺术的有益范本。今天是农历2015年最后一天，以此序作为对陈方达老师新书出版与新年的祝贺，祝陈老师在未来创作出更多、更精彩的水彩画作品。

赵军

东南大学建筑学院 教授

全国高等学校建筑学学科专业指导委员会委员

美术教学工作委员会 主任

2016年2月7日

前言

　　水彩画具有透明、轻快、流畅的艺术效果，通过水色的相互交融获得一种独特的视觉美感，在色彩的概括和用笔方面形成特有的洒脱与抒情的审美特征，在审美传承和绘画理念上特征鲜明。水彩画虽然是从西方传来的画种，由于水彩画以水融合透明颜料来绘制完成，在媒介、创作技法等方面与我国传统绘画中的水墨画颇有相似之处，因此水彩画传入中国后就受到中国广大民众的特别喜爱。

　　建筑是供人们居住和使用的场所。在人类文明发展史上，最初的建筑主要是为遮风挡雨、防寒避暑而营造的，是人类为在自然环境中栖息生存而建造起来的第一道屏障。最初的建筑是以实用为目的，随着人类社会的进步和物质与技术的发展，建筑逐步具有了审美的特性。或以权势象征为主要目的的宫殿建筑，或供观赏体味的园林建筑，建筑是一面时代的镜子，是人类重要的物质与文化形式之一，各个时期的文化和艺术都会在建筑中留下深深的时代烙印。建筑是一种综合性实用造型艺术，它以独特的形式语言熔铸出一个时代、一个民族的审美趣味。建筑艺术在其发展过程中，不断昭示着人类所创造的物质与精神文明。因此，建筑被誉为"凝固的音乐"、"立体的画卷"和"石头的史诗"。

　　建筑水彩画，是以建筑为主要题材的绘画艺术。长期以来水彩与建筑就一直保持着某种特殊的血脉关联。建筑师用水彩诠释设计与构想，完成建筑的预想草图；艺术家用水彩表现建筑的形式美，赞美建筑的哲理和精神，抒发自己的情怀。同其他艺术一样，建筑水彩要求艺术家运用水彩的语言特质，探寻建筑中美的视觉符号，创造审美意象。艺术家不仅要以娴熟的技法、优美的构图、富于感情的绘画语言表现建筑的形式美特征，还要利用建筑周围环境中的一切有益的形象元素，将建筑与环境趣味化、艺术化与情感化，形成完美的艺术形式。如果说文学用语言演绎情感，音乐用音符传递激情，那么建筑水彩画则通过建筑特征呈现"有意味的形式"。

　　在建筑、环境艺术设计教学中，水彩画是被广泛运用的画种，其出色的表现力，使学生可以自如地演绎建筑设计的各种风格。因此，长期以来，建筑学界一直将水彩画作为学生学习的基础技能。水彩画作为基本训练和审美情操的培养手段，自入学时建筑初步开始，贯穿整个教学的过程中。建筑水彩的学习目的不是单纯地为了掌握表现建筑设计的技巧，在对建筑形态、空间、色彩、装饰及环境配景进行描绘的过程中，学生也要对造型因素中的对比、协调、均衡、节奏、韵律等一系列形式美法则进行深入的研究。在 21 世纪的今天，随着建筑技术高度发展，建筑审美呈现出多样化的特征，但形式美的法则却永远不会过时，它仍然在我们的新型的建筑设计与城市规划中起着重要的作用。

水彩因其工具的便利，非常适合户外写生。写生的过程是我们观察自然，感受自然的过程。通过观察自然现象，研究自然关系，总结自然规律，用绘画的形式语言在画面上进行艺术的表现。自然中的季节更替、时空变幻、阳光雨露提供了艺术表现的无限可能性，是艺术创作的灵感宝库，视觉经验是艺术创作最好的素材。水彩写生在具体观察和表现练习中，训练学生从多变的自然细节和关系的多重组合中发现自然，表现自然。通过写生的练习以及画面的组织训练，学生可以提高绘画表现能力和审美能力。自然的视觉审美训练极大地丰富了学生对画面、构图以及色彩的认知能力，潜移默化地培养学生在设计中掌握视觉审美的艺术经验和原则方法。

回顾艺术和建筑的历程，绘画艺术与建筑艺术一脉相通。从现象和本质中我们感悟艺术思潮对建筑设计的巨大影响，建筑设计对艺术创作的灵感启示。艺术探索和建筑设计互动相融，建筑赋予艺术家灵感，艺术家赋予建筑一种新的境界。建筑水彩表现的不仅是物化建筑，更是精神的建筑，在这里各种元素、符号和语汇转变为内涵、意境和哲理的精神诉求，传递情感与审美体验。在书中我们选择了大量国内外建筑水彩的精品，希望读者在读画的过程中提高审美鉴赏能力，在鉴赏中体味作品的真挚情感及高雅的艺术趣味，在作画的过程中提高艺术的表现能力。愿本书的出版能对广大读者和水彩爱好者有所启迪与帮助。

陈方达

2016 年 3 月于福州

目录

1

概述

1.1 水彩画的起源与发展

　　水彩画是一种轻便、应用范围广、艺术性强的画种。水彩画以水为媒介，调和透明水彩颜料画在专用的纸张上，通过"水"和"色"的相互作用，表现出透明、轻快、湿润、流畅等特有效果。水彩画用水作画，以水载色，以水溶色，以水调色，通过水色的相互交融获得独特的视觉趣味，在审美传承和绘画理念上形成鲜明的特征。在笔浸彩润的作用中，形成水意的趣味，在色彩的概括和用笔的洒脱中形成特有的轻快、朦胧与抒情的审美特征。19世纪英国著名水彩画家和理论家拉斯金曾作过如下描述："水彩在画家的处理下，水滴和它明快性质所形成的幻想与造化，溅泼的痕迹，凝结的色块，以及斑斑的粒状虽然对于画面的表现没有什么意义，但由它产生的梦境似的景象，清新的趣味，明丽的色调与松柔的感觉，是其他画种所没有的。"该论述恰当地诠释了水彩画的语言特质。

　　追溯水彩画的历史，在西班牙发现的阿尔塔米拉山洞中距今约一万五千年的野牛壁画、我国原始社会西南地区的崖画以及古埃及人画在纸草卷上的书籍插图和冥途指南等可以认为是最早出现的水彩画。其后波斯的细密画、拜占庭的一些使用水调颜料完成的壁画以及我国古代洛阳东郊顾人残墓中布质画幔的遗迹等也可以划归水彩画的范畴。

图 1-1 《青草地》 作者 | 丢勒（德国）

13 世纪初的欧洲，有些画家在风景素描作品中施以淡彩，从而得到比单色的素描更富有视觉感染力的作品。

世界上第一幅水彩画是德国画家丢勒绘制完成的。丢勒（1471—1528 年）生于德国纽伦堡，是德国历史上一位伟大的画家。丢勒画了许多动物与植物的写生作品以及富有诗意的风景画，这些完整的、艺术性很高的水彩作品成为西方早期水彩画的典范。

早在 15 世纪初，丢勒就用透明的树胶水彩颜色作画。其后有德国的荷尔拜因（1497—1543 年），佛朗德斯画家鲁本斯（1577—1640 年），以及他的弟子凡·代克（1599—1641 年）等都进行了大量水彩画的艺术创作。

17 世纪初，荷兰的独立，给商业和文化带来了空前的繁荣。一些描绘荷兰景色的优美典雅的水彩画在市场上出现，并且备受人们的青睐。当时的荷兰绘画成为世界美术行列的先行者，并对其邻近的英、法等国产生了深远的影响。

18 世纪的水彩画还是一种淡彩画，色彩并不丰富，真正使水彩画发展成为独立的画种，应该归功于 18 世纪和 19 世纪英国水彩画家们的不懈努力。当时英国逐步上升为欧洲发达的资本主义国家，工业、军事和科学技术上的进步使英国的水彩画也得到了快速的发展。早期的殖民开拓者，大量的使用水彩绘制所到之处的地形图，并记录建筑物的颜色等。这类"地形图"风景画家人数众多，虽然他们的艺术水准并不高，画法也比较简单，但他们在使用和推广水彩画方面却做出了积极的贡献。保尔·桑德比（1725—1809 年）在颜料制作和绘画技法方面做了许多有益的尝试，终于在纯粹的水彩画技法上取得了突破性发展，而被誉为"水彩画之父"。他的作品以表现自然变化的光色和造型生动的景物为主，使用含蓄的色彩和细致的表现方法，创立了英国古典水彩画的风格。18 世纪后期托马斯·吉尔丁（1755—1802 年）力图进行改革，打破固有的传统画法。他使用各种色彩直接描绘景物，强调整体的画面氛围，画面富有生气，对后世影响很大。

图 1-2 《崖下》 作者｜波宁顿（英国）

　　1804 年，英国水彩画家们成立了水彩画协会，他们冲破皇家美术学院的条例限制，争得与油画家平起平坐的地位，水彩画的影响迅速扩大，涌现出了一大批卓有成就的水彩画家。其中最有成就的当推透纳（1775—1851 年）、康斯泰布尔（1726—1837 年），波宁顿（1802—1828 年）三人。透纳，14 岁进入皇家美术学院，他对光和色以及画面中大气效果的表现有强烈的兴趣和广泛的研究，他的一生中创作了许多富有诗意的优秀水彩画作品，对法国和英国的印象主义画派起到了极其重要的促进作用。康斯泰布尔，以故乡风光为题材，画了许多生动精彩的水彩画。波宁顿与柯罗、德拉克罗瓦交往甚密，虽然 26 岁就去世，但他短暂的一生艺术成就卓越。他用写意手法画风景，色彩明亮、笔法清秀、格调清新。

　　继他们之后，英国水彩画在色彩、技法、风格上日趋成熟，到 18 世纪晚期臻于极盛并一直持续到了20 世纪。因此水彩画对于英国人来说，是他们的一种民族艺术，其丰富的经验和突出的成就，成为各国水彩画的光辉楷模。尤其是对水彩画领域的广为开拓、技法探索、理论建构，乃至现代水彩画的正式形成，一代又一代的英国水彩画家们做出了不可磨灭的伟大贡献。在安·卢柯的作品《教堂废墟》中我们可以领略到 18 世纪英国水彩画的恢宏气势和精湛的绘画技艺。

　　就在水彩画在欧洲全面繁荣发展的时候，20 世纪美国的水彩画异军突起，并迅速地发展成为新的"水彩画王国"。在此期间美国的水彩画流派纷呈，画家众多，如大卫·理勒·米勒得、安德鲁·怀斯、法兰克·韦伯、查理斯·雷德、萨金特等。他们的绘画风格各异，都具有很高的艺术水平。他们的水彩画作品也受到了广大中国水彩画爱好者的喜爱。美国最有影响力、最权威的水彩画组织"美国水彩画会"成立于 1866 年，定期举办画会年展，进一步推动了水彩画的繁荣和发展。

图 1-3　《教堂废墟》　作者 | 安·卢柯（英国）

图 1-4 《橡木酒桶》 作者 | 安德鲁·怀斯（美国）

图 1-5 《回廊》 作者 | 萨金特（美国）

图 1-6 《鹰》 作者 | 安德鲁·怀斯（美国）

1.2 水彩画在中国的传播与发展

水彩画虽发源于欧洲，但因其作画方式、工具材料、传情达意与传统水墨艺术有异曲同工之妙，所以一经传入我国就很快在中国扎根并迅速地发展。中国人画水彩，既有西方传统水彩技法相参照，又有民族传统、文化精神、笔墨技巧做比较；既可状物造型，也可传情达意，寄托情思神韵；既可灵动挥洒，又可立意有境。深厚的文化底蕴及融贯中西的思想使中国的水彩艺术拥有独特的风格和魅力。

水彩画在中国的传播主要通过两条途径：一是近代由西方传教士带到中国来；二是 19 世纪末和 20 世纪初由大量中国留学生带回国来。1581 年意大利传教土利玛窦（1552—1610 年）来中国，首次带来了西方人用水彩手绘的圣像及经书中的插图，引起了中国人的惊叹。1723 年，意大利画家朗世宁被召入清宫做宫廷画师，他一方面采用中国的画具和材料，一方面仍用西方的绘画技法作画，面貌焕然一新。受其影响、清代的中国画已融入了较多的西洋绘画色彩。同时期的任伯年、虚谷、吴昌硕等中国画家，都讲究墨韵和色彩相融合的表现技法，在他们的作品里，可以明显看到西方水彩画对他们绘画的影响。

1907 年，由外国传教士在上海徐家汇建立"土山湾画馆"，系统的教授西洋绘画，这是西画在我国建立最早的传习机构，为中国水彩的发展奠定了基础。当时中国水彩画家徐咏青在"土山湾画馆"学习过西画。为推广水彩画，他同张津光等人合作创办水彩画馆，他们将西洋画技法，融合进中国画的形式与技法，创作出了具有民族特色的水彩画，为中国水彩事业的普及与发展做出了贡献。

19 世纪末和 20 世纪初，从欧美、日本留学归来的李铁夫、李叔同、关广志、李剑晨等进一步向国内介绍了西洋水彩画理论与技法。随着新文化运动的开始，美术教育也得到了快速地发展。全国各地相继办起了美术学校。如南京两江优级师范学堂，国立中央大学艺术系，杭州国立艺术专科学校等。西画运动的蓬勃兴起，大大地推动了中国各地水彩画的发展。当时一批优秀的水彩画论著作也相继问世，其中有倪贻德的《水彩画慨法》及《水彩画之新研究》、俞寄凡的《水彩画纲要》、赵剑庵的《水彩画百法》、须戎已的《写生水彩画》等。1922 年起，我国的小学课程中正式开设了水彩画课程，所有这些，都为水彩画在我国的普及和发展奠定了基础。

图 1-7 《花鸟》 作者 | 任伯年

图 1-8 《花鸟》 作者 | 吴昌硕

图 1-9 《峨眉山》 作者 | 李铁夫

图 1-10 《桥》 作者 | 关广志

新中国成立后，水彩画艺术在国内得到蓬勃的发展，涌现了大批优秀的水彩画作品，其中最有影响的水彩画家有李剑晨、吴冠中、王肇民等。美术学院的许多系科都开设了水彩画课程。

图 1-11 《钢都在沸腾》
作者 | 李剑晨

图 1-12 《水乡》 作者 | 吴冠中

图 1-13 《水乡》 作者 | 吴冠中

图 1-14 《春》 作者 | 华宜玉

图 1-15 《春雨时节》 作者 | 潘思同

改革开放后，我国的美术园地重趋繁荣，全国各地相继成立了水彩画协会，水彩画研究会。1982 年英国水彩画来华展出，极大地开拓了中国水彩画家的视野。之后由中国美术家协会定期主办了多起全国性的水彩画作品展览，涌现了一大批艺术水准高超的中青年水彩画家，从 20 世纪 80 年代开始中国的水彩画总体水平有了长足的进步和快速的发展。一大批新一代水彩画家勇于开拓、锐意创新，摆脱了传统水彩画的一些固有模式，着力于表现现代人的精神面貌、审美观念，题材内容不断地拓展；表现形式趋于丰富多样，既有写实的，也有写意、抽象的。由于新观念的拓展，水彩画的新的表现方法也层出不穷，中国水彩画逐步形成了具有现代感的具有广泛群众性的多样化的艺术形式。与此同时，中国水彩画也频繁地在美国、日本、新加坡、中国香港和中国台湾等国家和地区展览。所有这些活动不仅有力地推动了我国水彩画事业的繁荣和发展，同时也把我国水彩画的影响扩大到了海外。

可以预见"水彩画"这一画种因有其不可替代的视觉意义，在我国水彩画家和广大水彩艺术爱好者的共同努力下必将展现出更加绚丽多姿的面貌。

1.3 建筑水彩画的基本概念与表现

建筑是供人居住和使用的物体。在人类文明发展史上，最初的建筑主要是为遮风避雨、防寒祛暑而营造的，是人类为抵抗残酷无情的自然力而自觉建造起来的第一道屏障，具有实用的目的。随着物质技术的发展和社会的进步，建筑才具有审美的特性。或以权势象征为主要目的的宫殿建筑，或供观赏体味的园林建筑，建筑是时代的一面镜子，是人类重要的物质文化形式之一，也代表各个时期的文化和艺术。建筑艺术通过群体组织、建筑构造、平面布置、立体形式、形态结构、内外空间组合、装修和装饰、色彩、质感等方面的审美处理形成一种综合性实用造型艺术。它以独特的艺术语言熔铸出一个时代、一个民族的审美趣味。建筑艺术在其发展过程中，不断昭示着人类所创造的物质精神文明，以其触目的巨大形象，具有四维空间（包括顶面）和时代流动性，讲究空间组合的节律韵律，被誉为"凝固的音乐"、"立体的画卷"和"石头的史诗"。如果说，欧洲的古典建筑寻求庄重、对称、和谐的装饰美，那么中国的传统建筑则彰显"天人合一"的平衡、舒展美。从民居建筑中，我们发现朴素、淡雅、意趣的美；从园林建筑中，我们享受俯瞰花草树木，仰观风云日月的意境。这些既是人工的，又是自然的情景，构成一幅幅激发意趣而遐想无穷的画面。

建筑水彩画，是以建筑为主要题材的绘画艺术。长期以来水彩与建筑就一直保持着某种特殊的血脉关系。建筑师用水彩诠释设计的构想，完成建筑的预想草图；艺术家用水彩表现建筑的形式美，赞美建筑的哲理和精神，抒发自己的情怀。建筑水彩的兴起是伴随建筑学专业领域的日益扩大，建筑艺术深为广大民众所喜爱而应运而生的，建筑水彩是水彩画中专门描绘建筑题材为主的绘画艺术。

被誉为"中国水彩画之父"的李剑晨先生，是一位享有国际声誉的艺术家、美术教育家。李剑晨先生长期任教于东南大学建筑系，我国享有盛誉的建筑大师吴良镛先生、齐康先生和钟训正先生都曾是李剑晨先生的学生。李剑晨为我国建筑和美术事业的人才培养做出了杰出的贡献。

图 1-16 《伊斯坦布尔清真寺》
作者 | 吴良镛

图 1-17 《水乡》 作者 | 李剑晨

杨廷宝和童寯两位建筑大师早年都毕业于北京清华学校，后赴美国宾夕法尼亚大学建筑系深造。他们的水彩画都具有很高的艺术水准。

图 1-18 《费城兰斯道尼小溪》 作者 | 杨廷宝

图 1-19 《罗马竞技场》 作者 | 童寯

同其他艺术一样，建筑水彩要求艺术家运用水彩的语言特质，探寻视觉中的建筑符号，创造审美意象。不仅要以娴熟的技法、构图的优势、富于感情的绘画语言呈现建筑物主要特征，还要利用建筑物周围环境中的一切有益元素特征加以补充，将建筑和建筑环境趣味化、艺术化及情感化，形成完美的艺术形式。建筑水彩画属于绘画艺术中的一部分，它和文学、音乐、雕塑以及其他画种性质相似。如果说文学用语言演绎情感，音乐用音符传递激情，那么建筑水彩画则通过建筑特征呈现"有意味的形式"。

图 1-20 《圆形剧场》 作者|赖瑞·维博斯特（美国）

图 1-21 《威尼斯》 作者|陈方达

图1-22 《闽西》 作者 | 陈方达

2 材料与工具

2.1 水彩纸的特性与把握

水彩画对纸的要求较高，纸质的优劣直接关系到画面的效果，水彩纸按厚度来区分有 150 克、180 克、200 克、240 克、300 克等。一般克数越高的纸性能越好。国产的水彩纸有"保定"水彩纸和"温州"水彩纸。保定水彩纸质白，画面适宜一次性完成；温州水彩纸适宜层层塑造，但画面水分干了之后颜色容易变灰。

进口的水彩纸有英国的"山度士"，意大利的"法布里亚诺"，法国的"康颂"系列的阿诗、枫丹叶、梦法尔、巴比松水彩纸等。既有适合艺术家使用的，也有适合学生使用的。进口水彩纸一般质量都非常好。

2.2 水彩颜料的特性与把握

水彩颜料

水彩颜料是从植物、矿物等多种物质中提取出色素，研磨成极其细致的粉状颜料，然后加入胶质、防腐剂、稳定剂等添加物混合而成的。鉴定水彩色彩质量的优劣，可以从透明性、附着力、色彩鲜艳度几个方面来考察。现在市场上能买到的水彩颜料主要是锡管装的颜料和块状的固体水彩颜料，有 14 色、18 色、24 色，其中 18 色和 24 色最为常见。这些水彩颜料大都是供应学生练习用的普及品，价格便宜、质量一般。国产的水彩颜料中以上海生产的"马利"牌略好。在有条件的情况下可选购进口水彩颜料，如英国生产的温莎·牛顿、荷兰生产的伦勃朗、德国生产的卢卡斯、日本生产的荷尔拜因和樱花等品牌水彩颜料，各有所长，质量上乘。

水彩颜料的特性

1. 透明：色彩颜色与水调和后大部分都是呈透明状的。其中以普蓝、柠檬黄、玫瑰红、翠绿等颜色最为透明；橘黄、朱红、深绿等次之；赭石、熟褐、群青、煤黑等透明性就比较差。水彩画一般情况不加

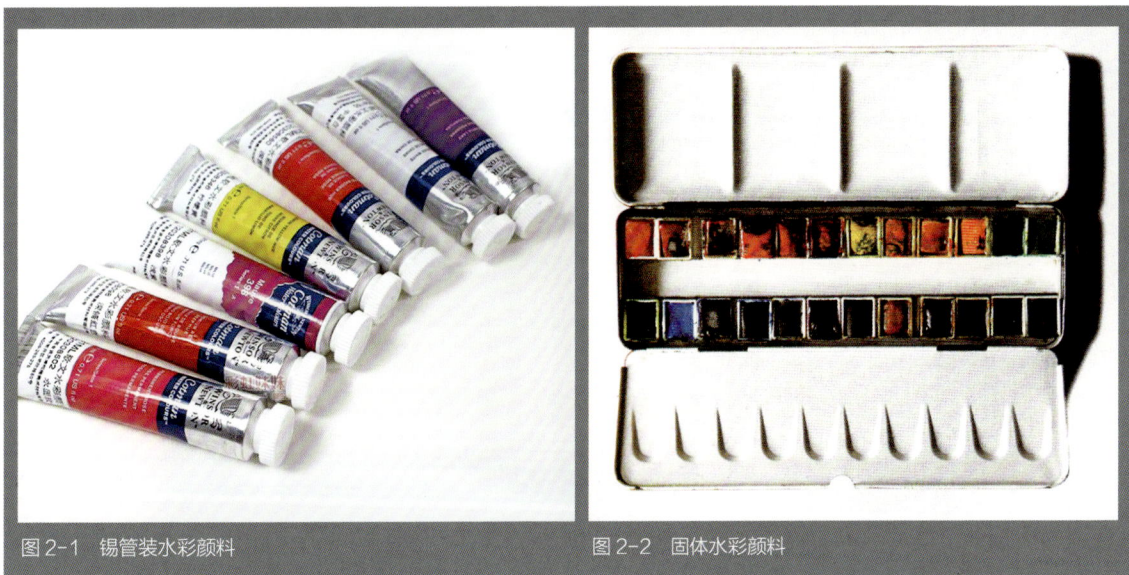

图 2-1　锡管装水彩颜料　　　　　　　　　　　　　图 2-2　固体水彩颜料

白色，因为加了白色就会失去水彩画的透明感。但有时少量的加些白色又会产生一定的特殊效果，这就要靠大家不断来尝试与探索了。

2. 沉淀：有些以矿物原料制成的水彩色容易产生沉淀。尤其是群青、钴蓝等颜料沉淀最为明显，土黄、赭石、熟褐、土红等颜料次之。但是沉淀掌握得好也能产生出用笔无法达到的特殊的肌理效果。

3. 易干：水彩颜料在天气干燥和阳光照射的情况下水分很容易挥发掉，颜料一旦变得干燥就会妨碍作画，水彩颜料在使用的过程中应该始终保持一定的湿润，颜料不用时要用湿布或湿海绵放入调色盒并将盖子密封盖好以保持湿润。在室外写生时一定要避免阳光直接照射到调色盒，防止颜料干得过快。

4. 色彩附着力：有些水彩颜料如玫瑰红、翠绿、青莲等颜色，对纸的附着力很好，色彩的渗透性强，一旦画到纸上就很难再洗掉。而群青、土黄等颜色的附着力较差，很容易用水洗去，利用这一性能，也能够制造一些特殊的效果。

水彩画的颜色属水溶性颜色，一般画在纸上的色彩都非常的薄，不耐日晒，所以水彩画作品一旦完成就应该妥善保管，最好是装入玻璃镜框，存放的地方应避免阳光照射。

2.3 水彩画笔的种类及用途

水彩画笔从外形上分有圆头和扁头两种，按笔毛的质地可分为狼毫和羊毫两种。圆形笔适合于勾线和小面积的刻画，扁形笔适宜于塑造和大面积的铺色。狼毫笔毛硬且富有弹性、适合于勾线；羊毫笔毛软且吸水量大适合于大面积铺色。中国画的毛笔也可以适当地选用。另外还应该备一、二支 1 至 2 寸的底纹笔，铺大面积色彩如画天空和背景都很需要。

水彩笔的选购，主要看笔尖是否纯净顺挺、富有弹性而又不分叉，笔杆是否挺直，笔头与笔杆的连接是否牢固等几个方面。水彩笔要注意保护，防止脱胶和虫蛀，如果一段时间不用，要清洗干净并存放在通风干燥处，千万不可长期将笔浸泡在水中。

图 2-3　水彩笔　　　　　　　　　　　　　　　　图 2-4　调色盒

2.4 调色盒及其他

调色盒

调色盒是用来盛放和调配水彩颜料的，现在市场上可以买到的大多是塑料水彩盒，比较轻便。略小的调色盒适合外出写生；稍大的全封闭式的，适合在室内作画使用。我们也可以用白瓷盘或医疗器械托盘做调色盘用，效果也很好。

水

水为水彩画的调色媒介，离开了这个媒介，水彩画的特性也就失去了。特别要强调的是，在作画时，洗笔缸中的水，应该经常保持相对洁净。洗笔、调色均用这缸中之水，如果水质过脏，就不可能使画面保持鲜艳清晰的色彩关系，显现出细微的色彩变化。初学者应当养成良好的习惯，在作画过程中，勤洗笔、勤换水。

外出写生要准备充足的水，切忌随便用沟里的脏水。另外，有的水彩画家为了取得某种特殊的效果，在清水中渗和了其他物质，如酒精、胶水、明矾、豆浆等，以改变其化学和物理性能。等大家有了一定的经验以后，也不妨一试。

辅助工具

喷水壶：以喷出的水为雾状为佳。

留白胶：在上色之前，把需要留白的地方用笔沾上留白胶画上，待干后便可以轻松的上色，上完色待水彩纸干透后用橡皮擦把这些涂有水彩留白胶的地方轻轻擦掉。

电吹风：用于快速吹干潮湿的画面。

海绵：用于吸去画纸表面流淌的水分。

3 方法与步骤

3.1 建筑风景写生的选景

所谓选景就是选择写生的景物。大自然是美丽的，但并非任何景物都能"入画"。作为风景写生，也并非要将大自然那繁杂的景物都一一收入自己的画面。而是需要我们有选择地取景，选择那些富有画意、具有典型性和代表性的景物来描绘，如江南水乡的小桥流水、山城古镇的小巷木屋、北国边陲的林海雪原、繁华都市的高楼大厦等。当然，那些被常人看来极为平凡的自然景物，即使是断壁残垣，旷野草垛等，在画家的精心处理与组织下也可能成为一幅幅精彩的画面。而对于初学者来讲，宜选择那些色彩对比强烈，光线相对稳定，空间层次比较鲜明的景物，作为表现对象。

应当指出的是，选景的过程也是一次审美的过程。在绘画实践中，我们常常看到这样的情形，对着同一景物作画，不同的人会有不同感受，有的画者会因此而感到异常兴奋，有的画者则会无动于衷。这就说明，画者之间存在着对风景感受力的差异。所谓对风景的感受力，实际上是指人们对风景中景物的结构美、色调美、空间美等各种美的因素的一种综合感受力。特别是对于初学者进行风景写生训练来讲，培养这种感受力显得尤为必要。只有当画者充分感受到景物之美，才有可能产生一种冲动，进而激发起表现对象的强烈欲望。因此，在风景写生训练的同时，既要着重风景写生技巧的提高，又要注意对建筑风景美感受力的培养。

景物之美是由于物体的结构、组合、明暗、色彩、光线等诸多因素和谐地统一于同一景物之中，而产生的特定的美。然而，当其中某一因素发生变化后其他因素也会随之变化。比如光线变化了，景物中的受光、背光部分则会发生变化。投影发生了变化，明暗及色彩关系也会改变，整个气氛、效果也会随之改变。因此，在选景过程中，也要充分考虑到这些变化的规律。充分认识光线、气候等因素在风景写生中所起的重要作用。

3.2 构图

　　风景写生的取景与构图实际是一个问题的两个方面，是相互关联、相互依存的。有经验的画家，既可根据所取景物来确定构图，亦可依据构图原则去取景。

　　构图是风景写生获得成功的关键之一。构图既是表现客观对象的需要，也是作者主观情绪的直接反映。

　　建筑风景写生的构图十分讲究视平线的运用。视平线高低不同，将直接影响构图及画面效果。视平线低，所见景物天多地少，画面空灵舒展；视平线高，天少地多，画面饱满充实；视平线居中，天地均等，画面显得平稳安宁。

图3-1　《农庄》　作者 | 安德鲁·怀斯

图3-2　视平线低，所见景物天多地少，画面空灵舒展

形与色块的巧妙安排是风景写生构图的重要技巧。它包括对景物形体与色块、明与暗、远与近、虚与实、疏与密、冷与暖、动与静的组织与处理。在具体构图过程中，要充分注意这些手法的运用。强调用暗的色块来衬托亮的色块，使亮的色块部分更加突出。

图 3-3 视平线高，天少地多，画面饱满充实

图 3-4 《秋艳》 作者 | 陈方达
视平线居中，画面显得平稳安宁

　　而图3-6则是强调画面虚与实的处理。虚的暗部反衬了亮部,使之显得更亮,更为突出、耀眼。

　　风景画十分讲究画面构图中心的处理。所谓构图中心也就是画中引人入胜之处。作画者应该寻找到建筑和景物的趣味中心重点来处理。当构图的趣味中心确定后,画面的一切明暗、线条、色彩、空间层次都应围绕这个构图中心而展开表现与安排。

图3-5 《宏村》 作者 | 董喜春
用暗的色块来衬托亮的色块,使亮的色块部分更加突出

图3-6 《溪石》 作者 | 苏海青

图 3-7 实景

图 3-8 《小溪》 作者｜陈方达

图 3-9　《小溪》（局部）
这个部分就是这幅画的趣味中心，也是画面的重点部分

　　另外，写生画幅的比例也很重要。采用横构图还是竖构图应根据表现对象的需要来确定。一般来说横构图适合表现舒展、平远的景物；而竖构图更适合表现高耸、挺拔的景物。

　　风景写生是把自然美转化为艺术美的过程。而构图作为这个过程中的重要阶段，更显出其自身的意义。初学者在实际的写生过程中既要严格按照风景写生的构图原则安排构图，又要善于体会、总结、创造、发挥，营造出既符合艺术规律，又有独特形式美感的构图来。

3.3 取舍

　　作为风景写生的构图，首先面临的就是对景物的取舍问题。自然景物虽然美不胜收，但庞杂繁琐，常常良莠参差，金沙混杂，需待画者刻意取舍，细心筛选。这一"取"一"舍"，看似简单，在具体运用时，却大有学问。这"取"是取自然物象中美的、主要的、决定景物整体概貌的部分，舍去丑的、支离破碎的、无关大局的枝节部分，从而使画面主体更加突出，主次更加分明。

图3-10 水乡实景

图3-11 《水乡》 作者｜陈方达
经过取舍的处理画面主体突出

3.4 干湿把握

1. 干画法

干画法是指在第一遍水彩颜色完全干了之后，利用水彩色透明的特性，再加第二遍色，待第二遍色干了之后，再加第三遍色，直到完成。由于色彩的层层相叠，可以画得深入、充分，水分不受时间的限制，可以从容不迫的画。一般从浅色画到深色、从大面积画到细部，也可以在完成细部后用罩色的办法来统一色调。这种技法在19世纪以前的古典水彩画法中运用得较为普遍。它的优点是有利于塑造丰富结实的形体或有明确转折面的物体，同时比较容易控制画面的效果，是一种有序、稳健的常规技法。这种方法的不足之处是缺乏水分的滋润感，叠加了多次以后，颜色会变得脏涩和不透明，从而容易陷入呆板和琐碎等弊病。

颜色的层层叠加并不意味着可以无限制地复加。如果用国产水彩色，最多能加到第四遍，再多叠加，颜色的透明度和色彩的饱和度都会受到影响，这一点必须引起注意，尤其是深色最好能一步到位。

图3-12 《威尼斯》 作者｜史蒂夫·罗杰斯（美国）
以干画法为主的画面效果

2. 湿画法

湿画法是指纸在湿的状态下连续着色，一气呵成的方法。这是一种最能体现水彩画水色淋漓、滋润流畅的特点、展示水彩韵致、魅力的方法。这种方法传达出的艺术效果近似了我国传统绘画中的泼墨写意，有极大的视觉魅力和艺术感染力。对于雨、雾、云、倒影、远景等各种虚写的景物尤有独到的表现力。但由于是"水中作业"，变数较大，往往画面不易控制，技法上有一定的难度。

图3-13 《水乡乌镇》 作者｜柳毅
以湿画法为主的建筑风景画

3. 干湿结合画法

在水彩画的作画过程中，有以干画法为主或以湿画法为主的方法来完成作品，但纯粹只使用一种技法是很少的，大部分情况下都是干、湿画法并用。一般的规律是先湿后干、远湿近干、宾湿主干、软湿硬干、虚湿实干。一般情况下作画开始时，都是先用湿画法铺出大体色调，然后用干画法塑造出主要的、坚硬的、近处的物象。

干湿对比是水彩画最常运用的一种艺术表现手法。技法是为了表现作者的需要服务的，切不可为技法而技法，生搬硬套，否则就会事与愿违。从根本上说，画面的最终应该是对比丰富的、多样统一的完整视觉效果。

图 3-14 《福建民居》 作者｜陈方达
以干湿结合画法的建筑风景画。整个画面干湿得当，一气呵成，整体性强

4. 水彩画的特殊技法

特殊技法种类繁多，大家可根据不同的主题采取不同的表现技法。为了表现某种独特的艺术效果，势必会想方设法地创造一些特殊的画面肌理。每一种特殊技法，既会造成必然的效果，也会出现偶然的效果。水彩的特殊技法灵活多变，常见的特殊技法有以下几种。

（1）刀刮法

用油画刮刀或者一般的小刀在着色的先后副划，是通过破坏纸面而造成特殊效果的一种技法。着色之前先在画纸上用小刀或轻或重，或宽或窄地将画纸刮毛，着色之后被刮毛的纸面会出现较周围颜色重一些的色迹。这是由于刮毛之处的纸面吸色能力较强而容易积色，所以色彩变重了些。着色之前的刀刮法易于表现虚远模糊的形象或隐约可辨的细节效果。

在着色过程中进行刀刮，刀刮的时机要掌握好，不能太湿也不能太干，要选择半干的状态刀刮，这时候浮色会被刮掉产生较亮的刀刮痕迹，处理近景有关细节时用此方法。另外在颜色完全干透之后，用刀刮出白纸，或轻巧断续地刮，以表现逆光时的亮线、亮点或较小的亮面、闪动的光点和冬天飘落的雪花等，虚虚实实，自然有趣。

图3-15　刀刮法

（2）滴水法

滴水法就是在画面色彩未干时，用画笔或其他工具蘸饱水色在画面中适当的位置进行碰洒，通过水色渗化，会形成各种朦胧的点、块的效果。滴水的方法可形成边沿模糊，似而不似的物象，具有自然、柔和、轻盈、虚幻的艺术效果。

图 3-16 《鲜花》 作者 | 陈方达
背景部分采用滴水法，通过水色渗化形成虚幻的朦胧的效果

图 3-17
《鲜花》（局部）

（3）蜡笔法

在水彩着色前先用蜡笔或油画棒在纸上画出需要留出来的有关部分，然后着色时尽可大胆上色运笔，蜡笔或油画棒画过的部分会自然空出。蜡笔法用以描绘树木的亮部、稀疏的树叶、深色背景下亮色的草等都有意想不到的效果，在描绘物象形象的同时也丰富了画面的视觉效果。

图 3-18　蜡笔法

（4）撒盐法

　　颗粒细腻的盐巴撒在未干的画面上，这时盐巴遇到画面的水分便会溶化，并产生雪花般的肌理效果。这种撒盐法的效果如鬼斧神工，其美感是用画笔无法表现的。撒盐时应密切关注画面的干湿程度变化，过晚会失去作用。盐粒在画面上也要撒得疏密有致，切忌杂乱无章、随便乱撒。

图 3-19　《雪》 作者 ｜ 东富有（日本）

图 3-20　撒盐法《雪》（局部）

（5）油渍法

在进行水彩调色时，利用油水互相排斥的特点，加入少许的松节油或其他油，由于油与水始终不能融为一体，产生出块块点点、色彩斑斓的油渍效果。这种夹油的水彩色，点点斑渍，粗糙而稚拙，与不渗油的纯净的水彩画形成对比，别有情趣，获得自然流动的特殊的肌理效果。油渍法使平淡无奇的色块增加不少色泽的肌理效果。

图3-21　油渍法

在水彩画领域有很多独特而富有创意的技法，在拓宽创作思路的同时，增强了作品的表现力。我们在学习这些技法的同时还应认识到：新颖独特的画面效果固然重要，但如果没有扎实的基本功，一味追求用笔用色的形式趣味，容易造成画面华而不实，内容空虚，缺乏感染力。我们提倡按照水彩画基础训练的要求，扎扎实实地进行基本功的训练，这是画好水彩画的关键所在。

3.5 用笔方法

水彩画用笔与我国传统的水墨画的用笔方法有许多相通之处，也十分讲究"意在笔先"，强调"用笔果断"忌讳"拖泥带水"。

用笔的原则是形准、色对（色彩及明暗面）、干湿恰当、掌握时机，下笔"稳""准""狠"，一次到位。

用笔的过程，也是作画者心境活动的过程。用笔速度快，可以产生流畅、明快的感觉；用笔速度慢，会产生厚实、凝重的效果。一般作画过程中要针对物象的质感和体面关系顺势用笔。在流畅中见沉着，沉着中显流畅。比如画水用笔要"飘柔"；画石用笔要"刚健"；画树用笔要"苍劲"等等。以表现对象的感觉为出发点，要概括、简洁、灵动。一般的规律是：柔笔要提、硬笔要按；暗部笔触要稳、亮部笔触要显；大块色调用笔要大，既要注意对象的空间层次，又要注意用笔的节奏和力度感，使用笔起到加强作品艺术效果的作用。很多初学者很关心笔触，其实笔触是自然流露出来的一种形态，是为表现内容服务的，熟练到一定的程度之后，个人风格也就会自然显现出来了。

图 3-22　用笔果断、肯定，整幅画一气呵成

图 3-23　《水乡》 作者 | 徐坚

3.6 作画步骤

起稿：水彩建筑风景写生一般用 2B 的铅笔起稿，轮廓线要力求概括、简练、肯定，尽量避免反复修改，多用直线来勾画景物的轮廓，特别要注意表现决定画面空间关系的透视线以及景物的结构线。

着色：鉴于水彩画工具材料的特性所致，水彩风景写生的着色步骤可归纳为从远景画起和从大体入手两种方法。

1. 从远景画起

从远处画起是水彩风景写生最常用的着色步骤，尤其适合表现空间层次分明或天空较多的风景，这种着色步骤既能体现水彩画颜料由浅入深、层层覆盖的透明特性，又符合水彩画先湿后干、从虚到实的作画原则。

图 3-24 实景图

图 3-25 用 2B 铅笔打稿

B. 接下来画中景

图 3-27

A. 先画远景和天空

图 3-26

D. 深入刻画及整体调整

图3-29

C. 再画近景

图3-28

图 3-30　完成图　作者｜陈方达

2. 从大体入手

从大体入手的着色步骤实际上就是先整体后局部的着色步骤。在写生时，应准确、迅速地把握画面的总体色调。

图 3-31　实景图

铅笔打稿

图 3-32

A. 先铺大体色调

图 3-33

B. 大体塑造

图 3-34

C. 深入刻画

图 3-35

D. 整体调整，进一步刻画重点和丰富细节

图 3-36

图3-37 完成图 作者 | 陈方达

4

色彩与表达

4.1 色彩的观察

　　水彩画写生的全过程就是观察对象，认识对象，从而达到成功地表现对象的过程，正确的表现应建立在正确观察的基础之上。我们生活的环境是由无数缤纷的色彩组成的一个灿烂的世界。色彩所显示的种种效果概括起来可分为色彩对人的生理、物理反映与色彩的心理反应。

　　人通过视觉感知到色彩，这种色彩又会对人体造成不同的生理反应。恶劣的色彩环境很可能引起人们的身心疲劳，甚至导致疾病。色彩学家、生理学家们的研究为我们认识与应用色彩提供了科学依据。如在一个配色不恰当的色彩环境中长期工作与生活就很可能使人产生精神上的沉重负担，从而导致精神上和生理上的疾病。

　　我们讲过由于光的作用我们才感知到了色彩，而光又具有一定的能量，因此，我们也应当认识与分析色彩自身所具有的物理性能。色彩对于光的吸收与反射不同，所以它们对于热吸收的系数当然也就各不相同，这样便产生了不同的物理效果。

　　色彩的心理反应是通过眼睛获得的，人通过视觉产生了对于色彩的感觉与反映，这个过程属于人的生理反应过程，当这种生理反应进一步刺激人们的心理，使人的身心受到一定的影响，这就是色彩对人们的心理形成反应的过程，这种心理反应常常可以左右人们的情绪和行为。如在绘画色彩中常常讲到的冷色与暖色，它与物理学意义上的温度是没有关系的，也就是说，色彩本身是没有冷、暖之别的，而这种对于冷色与暖色的认识与感受，纯粹是人的视觉与心理的体验与反应。由于人们的视觉经验所获得的感知和心理上的反应，形成了人们区别冷、暖的经验。例如，人们将偏近于太阳与火光的红色与橙色等的色彩称为暖色，而将偏近于水与大海的蓝色、绿色、蓝绿等的色彩称为冷色。这种对于冷、暖色彩的认知是人们对于色彩的主观反应。

　　面对丰富复杂的客观世界，变幻莫测的光色环境，如何正确地观察色彩，是学习和掌握色彩的重要前提。正确的观察方法，能很好地训练画家的眼睛对于色彩的敏锐反应，整体地把控全局和清晰地识别物象的各种复杂微妙的变化。更重要的是，正确的观察方法可以引导我们将色彩的最初感受上升到理性认识，从而真正感悟和解决色彩的本质问题。色彩的正确的冷、暖关系与感受取决于色彩的对比，而不可以教条地辨别色彩的冷、暖变化。

4.2 色彩的属性与比较

色彩的属性

面对景物写生，在动笔调色之前，必须首先了解色彩属性，一般来说色彩有以下几种属性。

1. 色相：色相是指一种色彩区别于另一种色彩的名称或色彩的特征。如红、橙、黄、绿等各有不同的色彩特征，这种各不相同的特征，就是一种色相区别。每个色相不同的色彩，其明度、纯度也各不相同，再加上光线、环境等诸多条件的不同，从而形成千变万化的色相。

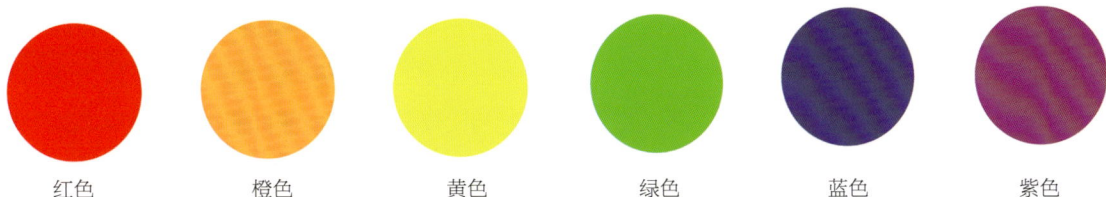

| 红色 | 橙色 | 黄色 | 绿色 | 蓝色 | 紫色 |

图 4-1

2. 明度：明度是指色彩的明暗程度。色彩本身受光程度不同和反射光的各异产生了明暗变化。在特定光线环境下物象所呈现出来的明暗变化大体可分为明亮、中亮和比较灰暗，在作画和研究习惯上通常称其为"高调、中调、低调"。如果我们分别以柠檬黄、绿色、紫色三种颜色为例看它们的明度，则可得出，柠檬黄为高调，绿色为中调，紫色为低调。色彩越暗越近于低调，色彩越亮越近于高调。

3. 纯度：也称饱和度。纯度是指颜色本身的鲜艳或明净的程度。我们常说色彩饱和是指颜色的色素含量近乎极限的程度。如我们在某种颜色中加入白色后，其明度随着加入的白色越多而越高，但是这种颜色本身的纯度也随之越低，如果白色加入得更多，这种颜色彩度就会变得很低，甚至很难看出它的色相了。反之在某种颜色中加入黑色，它的明度随着加入黑色的多少而发生变化，加入的黑色越多其明度与纯度就越低，直到最后，很难识别其色彩的色相。了解了色彩的这些属性在调色时就能自由地掌控和变化色彩的明度了。

4. 原色：也称第一次色，原色是指颜色的原始单位色，它是不能由其他任何色彩调制而成，也不能再作分解的基本色彩。

了解了色彩的四种属性后，在调色过程中还应对色彩的原色、间色、复色、补色、冷色、暖色等加以了解。这样在写生时我们就具备了一定的色彩知识，也会使我们在学习写生时减少许多麻烦。

5. 间色：也称第二次色。间色是指用两种原色相加所产生的新的色彩。如洋红色加黄色产生了一种新的颜色——橙色。适当地调整红色与黄色的混合比例可以得到各种不同的橙色。又如蓝色加黄色产生了一种新的颜色——绿色，同样适当地调整黄色与蓝色的混合比例也可以得出各种不同的绿色。因此，也有人称间色为第二次色。

图 4-2

图 4-3　伊顿色轮

6. 复色：复色是指三种以上的颜色相调和而产生的颜色。如橙色（洋红加黄）再与蓝色调和所产生的颜色即是复色的一种。这种颜色相对原色、间色来说，它的色彩已不如橙、蓝两种颜色纯粹，但它却拥有自身的鲜明特点，即稳定沉着与厚重，在画面中复色的运用比较多，复色对画面起着协调与稳定的作用，因为复色是由三种以上的颜色混合所成，因此也称其为第三次色。

7. 补色：也称为对比色。当眼睛长时间地看某种色彩时，视觉就会疲劳。这时为了减轻疲劳，眼睛会自觉产生与所看色彩相反的色彩，这种色彩我们称其为补色。紫色—黄色就是一对补色。橙色与蓝色，红色与绿色等均互为补色关系。

色彩的补色关系十分广泛，按色相环上来讲凡是形成对角的色均为补色。补色还有一个特征，就是当两种色相调和产生黑色时，这一对颜色可能就是互补色。在写生时把两块互补的颜色放在一起，这时色彩对比会显得十分鲜明。画面中如果补色关系运用得好，画面色彩相互衬托，整个画面的色彩效果会变得十分强烈。

4.3 色彩的对比与谐调

色彩的谐调传递的是一种具有整体感的视觉效果。整体不等于是画面各部分相加的总和，它远比任何一个部分重要。谐调与统一是艺术中的基本美学要求，作品中的每一个元素都要服从整体。对比是凸显物象与物象间、元素与元素间的差异。对比有多种，包括形状的对比、线条的对比、虚实的对比、明暗的对比等等。一幅画的视觉趣味点取决于该画是否存在对比，暖色紧靠冷色，暗色紧依亮色，流动的笔触紧靠粗糙的刷痕，高亮度色彩与中性色彩相对照等等。对比能产生视点，形成焦点。有对比当然就有谐调，它们是对立统一的关系，在谐调中寻求对比，在对比中寻求和谐。根据这个原则，合理地运用对比与统一，使我们的作品形成一种和谐中又有变化的美感。

色彩的对比

1. 色相对比

这类对比，能使色彩显得强烈、醒目，具有生气，并带有浓郁的装饰趣味。只是在具体运用中，要注意兼顾色相之间的明度差、纯度差，否则易使色彩产生"浮躁""火气"之感。

2. 明度对比

指色彩的深浅、明暗对比。色彩的明度对比包含着两个方面的内容，即同色相不同明度对比与不同色相不同明度的对比。实践表明：在色彩的众多对比中，明度对比的视觉反映比其他对比更强烈。足可见其重要性。

3. 纯度对比

色彩的纯度对比是色彩中不可缺少的。它是获得强烈的色彩效果，突出主体和表现色彩空间的必要手段。在绘画表现中，常利用纯度高的颜色来表现主要物体，纯度低的颜色来表现次要物体；用纯度高的颜色来表现近处物体，用纯度低的颜色来表现远处的物体。如果整幅画面都用纯度高的颜色来组合完成，肯定会造成刺激、生硬的感觉，而都用纯度低的颜色来表现，则会使画面显得沉闷乏味、软弱无力。

图 4-4 《拱门》 作者｜丹·布尔特（美国）
色彩对比强烈、醒目的画面效果

图 4-5 《大都市》 作者｜平龙

4. 冷暖对比

色彩的冷暖对比是最普遍、最常用的一种对比形式。冷暖对比不但存在于客观世界，更应存在于我们的色彩画之中，它是表现色彩的最重要手段。

色彩的冷暖对比本身就是以一种有规律的形式出现。它既随着物体的受光与背光之变化而变化，也随物体的远近变化而变化。

当物体高光部为冷色时，其暗部就呈现其补色——暖色的倾向，而物体受光部为暖色时，其暗部就会呈现其补色——冷色的倾向；近处的物体呈暖色，远处的物体呈冷色……

正确运用色彩的冷暖对比是表现光感、色感、空间感的重要一环。19世纪印象派画家，正是直接在外光下作画，直接用冷暖色来塑造形体，充分表达光与色，揭示了色彩的真正意义，被称之为绘画史上的一次色彩革命。

图4-6 《威尼斯的早晨》 作者｜威廉·麦克阿里斯特（美国）
阳光照射的亮部的暖色调与暗部的冷色调形成了丰富的色彩冷暖对比

5. 面积对比

色彩的面积对比，是指各种颜色在画面中所占比例的大小。虽然这种对比与色彩本身的属性无关，但运用得当常能产生新鲜、突出的色彩效果。当然，色彩面积对比中，面积大的色彩并不一定是主要色彩，而面积小的色彩也并不一定就是次要色彩，它是随具体情况、具体画面而定的。比如，"万绿丛中一点红"这一配色佳句，便是最好的说明。万绿丛中这小面积的一点红就是主要色彩。

以上种种对比手法，实际上是依据色彩的自身规律总结出的一些方法。在具体实践中，不可能只采用其中某一种对比手法，而应将多种对比手法交替运用，其目的是丰富画面色彩，丰富画面的视觉效果。

然而，我们在作画过程中运用了这些对比手法，并不等于我们一定能获得很好的画面效果。特别是作为初学者来说，常常会遇到这种情况：我们在具体作画时，由于运用色彩的对比手法过于孤立与生硬，以致使画面色彩十分零乱和刺眼。我们称这种现象为色彩不谐调。

色彩的谐调

1. 主导色谐调

在画面几块大的颜色对比中确定一块占主导地位的颜色，有意识扩大其色彩面积，让其起到统率和主宰画面色彩关系的作用，从而形成画面的主要基调，增加色彩的谐调感。

图 4-7 《硕果》 作者 | 陈方达
主导色谐调的画面

2. 中性色谐调

在画面中运用黑、白、灰、金、银等中性色来谐调强烈的色彩对比，也能使其达到缓和与平衡的效果。这在我国的民间美术与装饰画中十分多见。并被逐渐借用到水彩画，常见用黑色、深灰色等勾画物体的轮廓，既使形体得以肯定，又能使画中色彩得到谐调。

3. 色距的谐调

色距调和有两层意思：一是指将画面中对比强烈的色彩隔开，并使之有一定距离，避免直接对比、可缓解其矛盾；另一层意思则指在对比强烈的两色相中，拉大其明度、纯度之距离，使之产生明度差、纯度差，也能得到调和的色彩效果。

对比是制造矛盾，调和则是解决矛盾，是在不同中求得相同或近似的东西，在变化中求得统一。

4.4 色彩的概括与提炼

概括与提炼是对自然界纷繁美景的一种超脱、升华。当我们面对更叠交错的天色变化，杂乱无章的树木花草，鳞次栉比的建筑群落，我们怎样去观察，怎样去感受，怎样来表现，这需要我们在写生的过程中有意识地去概括与提炼。所谓概括，就是在对自然美景立意造境的过程中，将琐碎、分散、杂乱的物象，以精练的运笔和色彩，删繁就简地从大关系上去描绘其精神状貌，意趣内涵。"简即是多"，也是许多画家对这个问题的经验总结。如果仅凭我们的视线所及去抄录自然物象，见红画红，看绿绘绿，则必然缺少整体和谐统一的色调。而且水彩写生，自然光色瞬息万变，水分易干，面对自然有取舍地进行概括与提炼也就显得尤为重要。所谓提炼，就是在分辨主次，去粗取精的基础上，将自然景象中符合情节，能增强画面主题、情趣的景物，在架构画面时合理地进行剪裁、取舍或夸张。对自然物象按照美学的原则予以主观地增减、升华，根据作画者的意愿和画面要求来改变景物，使画面景物既符合自然规律，独具真实美感，又适应人们的审美需求。

图 4-8 《大教堂》 作者｜马克·拉格（美国）
画面中的内容无论是造型还是色彩都进行了高度的概括和提炼

另外，从艺术的角度来看，概括与提炼同样是十分必要的。无概括就无绘画艺术可言。只有正确地运用了概括、提炼的手法，才能使画面主体更突出、更集中，从而增强色彩的表现力与感染力。

4.5 色调的捕捉

色调也称调子，原为音乐的术语，后借用于绘画。音乐有"调"这似乎很容易被大家理解，一幅画也应该有调子，它的调子不是音乐中的节奏音调，而是指一幅画面中的所有景物上都笼罩着一定光源的色彩，或者是一个场景一幅作品其色彩组构本身所形成的色彩关系。它的明度、环境等由于时间的相同，其画面的所有景物都有着一种色彩倾向，这种色彩倾向，支配着画面中所呈现的景物的色彩。这种起支配作用的色彩，我们称其为"色调"。

在素描中我们常称亮色调、灰色调、暗色调，以区别其明度。在色彩中我们常称冷色调、暖色调等以区别其色性。为区别其色相也有称红色调、紫色调、蓝色调等。

图4-9 《蓝花》 作者 | 陈方达
画面以蓝色调为主，色调和谐又有对比，统一中又有变化

图4-10 《春雨》 作者 | 陈方达

图4-11 《雨后》 作者│洪龙（指导教师│陈方达）

在风景写生和创作的过程中，色彩调子的选择与表现对一幅作品的成败关系很大。因为在风景写生时我们所处的环境由于各种原因色调并不一定都使你满意，作画时应对其有所强调或减弱，以便有益于所表现的对象，最终使画面统一又和谐。这也是我们常讲的风景写生时的艺术处理手法之一。

图4-12 《拱饰盾牌》 作者│萨金特（美国）

图 4-13　《归舟》　作者｜陈方达

图 4-14　《山寨》　作者｜廖开

图 4-15 《湖畔》 作者 | 陈方达

图 4-16 《故乡的记忆》 作者 | 陈方达

图4-17 《静静的水乡》 作者 | 陈方达

5 造型语言的探索

5.1 水彩画发展的多元格局

　　当今中国的水彩画的形式风格呈现出"百花齐放"的状态。有的吸取油画的色彩表现语言，使自己在作品的色彩处理上有所突破。采用油画般厚重的笔法，传达出宁静、深邃的意境，从而提高水彩画的表现能力；有的融合中国画的用笔、用墨技巧，追求一种水色淋漓的艺术效果，极大地丰富和发展了当代中国水彩画体系；

图 5-1 《陶罐》 作者 | 黄增炎
吸收了油画表现手法的水彩画

图 5-2 《花卉》 作者 | 王北珍
吸收了国画泼墨表现手法的水彩画

图 5-3 《太湖之舟》 作者 | 蒋跃
吸收了国画写意表现手法的水彩画

有的从版画中吸取块面的处理方法，以简洁、概括、主题突出取胜。或借鉴版画的某些特殊技法，来丰富水彩的表现语言；

图 5-4 《院墙》 作者 | 刘亚平
吸收了版画表现手法的水彩画

　　有的从设计艺术中汲取形色变化手法及构成规律，以探求水彩画的装饰性美感；

　　也有的在艺术形式的处理上借鉴西方现代抽象艺术的表现手法，来增强画面的形式感。

　　水彩在与其他艺术的交流过程中，极大地丰富了自身的形式语言，提高了水彩画的表现空间。水彩形式语言是丰富多彩的，中国水彩艺术发展到今天，已经形成独特的审美风格和精神面貌。因此，在与其他艺术交流的过程中，应以水彩画的本体语言为主。在对其他艺术借鉴、吸纳、融合的时候，应该批判的、有选择的吸收和利用，要根据艺术表现的需要，根据自己对艺术，对生活的理解，消化吸收，才能真正的促进水彩画的发展。

图 5-5 　《翡翠花园》　作者 | 瓦格纳·巴巴拉（美国）
吸收了现代平面装饰画表现手法的水彩画

5.2 造型意识与技法创新

从总体上讲，造型是艺术创新的前提，这里说的造型不仅指具象形，同时也包括抽象形和色彩造型。形、色、质三样之中形是第一位的。

造型意识，达到意识即动笔前对选物的表现欲望和冲动。造型意识不是与生俱来的，经验告诉我们，仅有刻苦训练是不够的，还应强化对造型意识的培养。水彩画的创新能力若要不断的提高，必须在造型训练上下功夫。

要提高水彩画的时代性，必须加强造型意识的训练。艺术内容离不开艺术形式，作为艺术，有时候形式是可以游离于内容之外的。所以人们常讲问题不在于画什么，而在于怎么画。艺术离不开形式，失去了形式也就失去了艺术。

图5-6 《晨曦》 作者 | 陈方达

图 5-7 《欧洲风情系列之一》 作者｜陈方达

5.3 建筑水彩风景画的多种表现语言

　　建筑水彩画绝不只是机械的描绘自然景物，而是作画者在审视客体物象后依据心灵的感悟，运用精湛的技巧来进行再创造的过程。一幅成功的建筑水彩写生作品不可能只是对自然物象的简单再现，而是对自然物象内在精神的深刻体会。

5.3.1 虚与实

　　虚实是美学中的重要范畴。它们相辅相成，对立统一，"实"指实体、实物，"虚"指虚灵、虚幻。在中国画中，实与虚还可以泛指疏与密、露与藏、显与隐、黑与白等相反相成的两个方面。所谓实，就是形体结构明确，细节表现详尽，色彩对比强烈，明暗反差较大；所谓虚，就是画面形体对比较为模糊，色彩对比减弱，明暗反差较小，细节比较概括。由于水彩画特有的水与色互为交融的特殊艺术效果，在水的作用下形成了流动和渗化的虚实美，这是水彩画区别于其他画种的一个重要特征。

　　艺术中讲究含蓄，给人以充分想象的余地，而虚实相间的手法正是达到这个目的的一种极好的手段。虚实作为水彩画表现的一种审美理念，同时还体现在水彩画的具体表现技法之中。好的水彩画从开始构思、构图就十分注意画面的意境、气韵，这既是水彩艺术的灵魂，也是画家心灵活动的一种表现。

　　水彩画的虚实也同样体现在用色、用笔的技巧上，在处理虚实、浓淡、强弱、轻重时，用笔或硬或软，或干或湿，讲究运笔的方向及力度。色彩由浅入深，由湿到干，落笔迅速、一气呵成，做到意到笔随，随心所欲。凡中外优秀的水彩画作品，在构思与构图上，都非常注重画面的虚实意境，画面往往留有一定的余地或"空白"形成虚实相间的节奏变化，无论是远山，溪流，树木，屋舍，还是小桥流水，淡淡的晨雾，袅袅的炊烟，画面无不体现着以虚代实，计白当黑的审美视觉效果。

图5-8 《鲜花》 作者 | 陈方达
画面的虚实对比强烈

图5-9 《春韵》 作者 | 陈方达
画面中远处的树和近处的景物形成了强烈的虚实对比

5.3.2 动与静

画面中的动与静体现了艺术的辩证法。动静相生，相得益彰。不仅是动中可以有静，而且静中也可以见动，两者既对立又统一。该"动"的地方如没有"静"映衬，会产生索然无味的感觉；"静"的物象没有"动"的对照，也会造成艺术形象及思想内容的含糊不清。在水彩画的写生与创作中，"动与静"的选择与应用还要根据具体的表现内容来确定，如巍巍山脉要有潭幽池清的溪流的映衬，山体雄壮巍峨的刚阳之美才能得以最大限度的发挥，而涓涓细流在那层林尽染、巍峨的山岩之间也才更加优柔委婉。

在建筑水彩画中，为了更好地丰富主题，增加情趣，均需考虑"动"与"静"的谐调搭配。无论是画中的一抹远山、一泓清泉、还是小桥流水、幽静小屋、袅袅炊烟，无论是缥缈的秋水、起伏的山峦还是浮游的云彩、迷离的树影，无不展现着动与静的变奏。如果说在稳实的笔触中蕴涵着巧变，那么挥舞间必定暗藏沉稳。如果说笔触挥舞间所留下的纸斑和色彩的沉淀恰到好处地诠释出水色动感的奇妙效果，那么平整色块所产生的稳实简淡的气质则表现出水色静怡的含蓄优雅。总之，从水彩的用笔到施色、构图到情景配置无不蕴涵动与静的玄妙。

图 5-10 《雁》 作者 | 菲利普森（美国）

图 5-11 《林中小路》 作者 | 肯特·丹尼斯（美国）
几只小鸟在静静的森林上空飞翔，在画面中形成了动与静的对比

5.3.3 光与影

  光与影相互依存，如影随形，在相互的映衬中形成完美的统一。光的存在导致影的产生，而影的映衬凸显了光的意义。对光与影的理解与把握是建筑风景写生训练的重要内容。光影体现空间的形态变化，光影决定着色调的明暗交替，光影构成画面的节奏韵律，光影形成画面的情调意趣。建筑水彩艺术中，空间光影是建筑物的虚体幻影，晕染虚散式的描绘特征经历从实到虚、从影到幻的历程。空间光影的表达协调建筑与配景关系，设计规划了画面的构成；光影韵律美赋予建筑物坚实的稳定感；光影节奏感平衡画面的明暗关系；光影形状节奏的表现有助于建筑物特征的呈现。作画时，要从光色的角度整体观察，抓住色彩的空间层次变化，在了解色光规律变化的基础之上，将光影的形状与物象形体的塑造统一起来描绘，注意光与影的节奏变化、形状比例、大小格局。

图 5-12 《午后的阳光》 作者｜王少潇（指导教师｜陈方达）
画面中明暗对比强烈，光感突出，有很好的光影对比效果

图5-13 《街景》 作者 | 理查·博宁顿（英国）
画面中光影对比效果突出

图5-14 《仓山老房子》 作者 | 林曦

图 5-15 《闽西山村》 作者 | 陈方达

5.3.4 留白之妙

中国画布局中讲究"计白当黑"，把空白的部分也作为画面的重要部分来处理，体现空白艺术的魅力所在。空白空间的存在，实型与虚型的互为衬托，空白是画面内容的一部分，空白融于结构空间，空白的构成美感是水彩艺术之中不可或缺的因素。在水彩技法语言中，留白是一种形态语言，是画面中的重要构建。巧妙地"留白"产生空间层次，形成光感，强化主体，这种留白的节奏和韵律给画面营造出丰富而生动的视觉效果。如水彩画中经常出现的"飞白"所形成的"白"，其本身就是一种形态，它能使作品更为通透、更富有表现力；以亮衬暗，以暗托亮，既增强了画面的中间感，又丰富了画面的层次。对于艺术家来说，留白形成画面的虚空间，留有空白，便有了视觉形象，有了无限想象力，有了精妙的创作构思。艺术之形象超越自然形象，就是以一点空明之心来解构自然，在人们思维意念上占据着无限丰富的想象余地。

图 5-16 《港口》
作者｜萨金特（美国）

图 5-17 《冬日的阳光》 作者｜陈方达

图 5-18 《徽州》 作者｜陈方达
画面中局部的留白起到了突出重点的效果

5.4 写生与创作

关于写生

　　写生是进行水彩画学习的一种很好的方法。首先，写生能促使我们投入生活，熟悉生活，因为生活是艺术家创作的源泉；其次，让我们感受生活的多姿多彩，通过写生积累更多的创作素材；第三，好的写生本身就是一种艺术创作。加强写生练习对学好建筑水彩画意义十分重大。

图 5-19　闽西乡村实景

图 5-20　《闽西乡村》
　　　　　作者 | 陈方达

图 5-21　屏山实景

图 5-22　《屏山》 作者 | 陈方达

图 5-23 《小巷》
作者 | 郑重第（指导教师 | 陈方达）

印象派画家莫奈、雷洛阿、毕沙罗等以及后印象派大师塞尚、凡·高都是一生拜自然为师，抽象派艺术家中康定斯基、蒙德里安等都有过非凡的写生积累。在中国的大艺术家也是如此，如黄宾虹先生的"收尽奇峰打草稿"就是在告诉我们一个同样的道理。

关于创作

水彩风景画创作和其他艺术创作一样，佳作诞生的因素很多。每个作者都会有很多的体会，创作好坏涉及生活功底厚不厚、技艺高不高、艺术素养深不深各方面因素。我们可以通过不断的实践，逐步体会创作的内涵和技艺。

1. 将写生作为创作去画

将写生作为创作画，应该在色调、构图、技法上有新的想法，使之更理想、更强烈。这样，作品就会因为有感而发，洋溢着作者的激情而往往会更加生动，画面具有艺术感染力。

图 5-24　西塘实景

图 5-25　《西塘》 作者 | 陈方达
这幅画是在现场写生完成的，对照实景我们就发现作者写生时在构图、虚实、色调等多方面进行了较大的主观艺术处理。这就是将写生作为创作来画的典型例子

2. 根据素材进行创作

通过生活中积累或搜集的素材，如：速写、照片、文字等，进行加工、组合，从而体现作者的创作思想，传递作者的艺术感受。

图 5-26 《庭院》 作者｜陈方达

3. 凭综合印象进行创作

人们对于自己常年的生活环境，或曾经长时间生活过的地方形成一种总体的深刻的印象。这些印象经过凝练，就会是一种珍贵的创作素材。而且这种内容和题材经过适当的提炼和艺术表现往往更加真切和动人。

图 5-27 《故园》 作者｜陈方达

4. 根据主题进行创作

为了某个特定的主题进行构思、创作，亦即主题创作。如俄罗斯风景画家列维坦的《符拉基米尔之路》，那是一条沙皇流放进步知识分子去西伯利亚服苦役的荒凉大道。画面上宽阔的天空下一条深邃而苍茫的道路通向茫茫的远方，使多少观众为之深深地感动。

图 5-28 《符拉基米尔之路》 作者 | 列维坦（俄罗斯）

6

写生实例及作品点评分析

图 6-1 实景

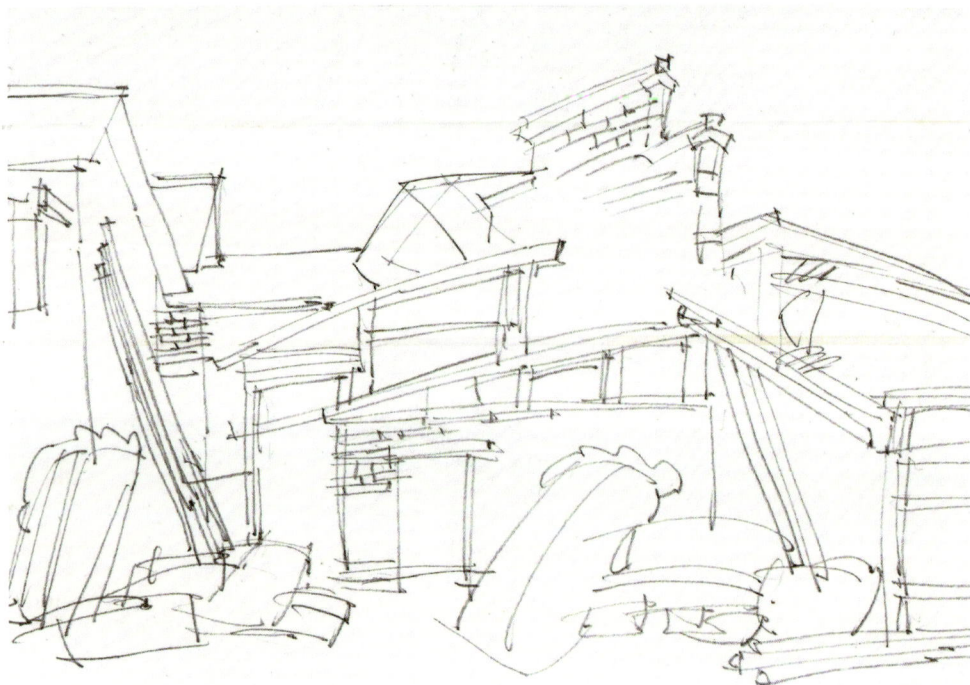

图 6-2 用 2B 铅笔打稿，稿线不要太重，把大体的轮廓位置定清楚，不要涂明暗

图 6-3　上色彩前先把纸张打湿，并趁湿铺上大体色彩

图 6-4　深颜色加重，并确定出画面的重点

图 6-5　刻画出大致的形体，将画面虚与实的部分区别开

图 6-6　深入的刻画，把色彩关系进一步明确，并逐步调整色彩的冷暖关系，使画面的层次丰富起来，突出用笔的干湿对比

　　统一调整，丰富画面：水彩写生的最后环节是对画面的整理，调整，丰富层次。前景物体当实，可以用线条来提形；后边物体当虚，尽量在形体和色彩上减弱对比关系，拉开远近层次。画面色彩单调的，可适当增加环境色的对比，以增强色彩的丰富感；画面色彩花而乱的，需要在基调的范围内整理，使画面更加和谐。画面的调控收拾是很重要的环节，在调整收拾阶段也是对一幅画的总结，这时应该以观察比较为主，多思索、少动笔。一般而言，最后阶段不要盲目地多画，要看准才下笔。在调整过程中，应该强调画面的视觉中心，注意把一些影响主体、过于出跳的部分减弱。如果整个画面处处都精彩，反而处处不精彩了。对画面的统一调整更多的是进行大关系的调整，在这一步骤中，应努力保持最初的色彩感受。写生的过程始终要从大局着眼，整体出发，作画时要集中思想，大胆落笔而又细心收拾。做到意在笔先，胸有成竹固然很好，但作画时，水分的变化和发展很多情况下是不完全以个人的意志为转移的。水彩画有些绝妙处，往往是在作画的进程中的偶然出现，我们要善于把握这种偶然的机遇，以偶然为必然所用，取得理想的画面效果。

图6-7 《闽西民居》（完成图）　作者 | 陈方达

图 6-12　进一步把色彩关系、明暗关系确定下来

图 6-13　丰富细节，让画面的内容充实起来

图 6-14 《石桥》（完成图）　作者 | 陈方达

　　深入刻画：随着画面的逐渐深入，对处于视觉中心的主体建筑物应做重点细致的刻画。在深入刻画的过程中必须注意画面整体的虚实关系、节奏变化，一切为画面上的大关系服务。这阶段的要求基本是整体的观察比较，局部完成，突出主体。在处理上，应把握对象的素描及色彩关系，注重水彩技法的运用，干湿结合，虚实相映。细节的刻画是为了突出主体，拉开远近层次、主次关系，在丰富画面的同时增强画面的可观度及生动性。应该注意，主体物的刻画应与周围的环境谐调，虚实得当、对比统一、层次分明。

　　在深入刻画阶段，哪些地方可以一次完成，哪些地方应该用多遍才能出效果要做到心中有数。干画法可多次完成，越画越深入，但后面的进度更为谨慎。越到后来，用色越要透明，用笔越要肯定。细节不要反复的改，避免画脏掉，局部错误可以用洗的方法修改，但必须小心操作，洗过的地方一般还需要重新画，水彩画基本上是用加法，适当的调整必不可少。前面的步骤要留有余地，不可将某局部画过头，调整是小范围的，目的是让画面更整体，调子更统一，主体更突出。

7 作品欣赏

图 7-1 《钟塔》
作者 | 戴维·考克斯
（英国）

图 7-2 《圣·莱文斯附近的工厂》 作者 | 威廉姆斯·加德（英国）

图 7-3 《河岸》 作者 | 大卫·莱尔·米勒得（美国）

图 7-4 《总督府》 作者 | 菲利普森（美国）

图 7-5 《街头》 作者 | 凡·汉特（美国）

图 7-6 《庭院》 作者│迪尼·米歇尔（美国）

图 7-7 《寺庙》 作者 | 斯莫瑞·舒宾（美国）

图 7-8 《苏州》 作者 | 王金成（新加坡）

图 7-9 《奥斯陆海港》 作者｜刘大为

图 7-10 《平江花园》 作者 | 林曦

图 7-11 《沿河人家》 作者 | 宋肇年

图 7-12 《白塔》 作者 | 杨云龙

图 7-13 《深秋》 作者 | 陈方达

图 7-14 《欧洲风情系列之二》 作者 | 陈方达

图 7-15 《九月的宏村》 作者 | 陈方达

图 7-16 《冬日的阳光》 作者｜陈方达

图 7-17 《悠深的小巷》 作者｜陈方达

图 7-18 《老式卡车》 作者 | 陈方达

图7-19 《徽州之夏》 作者｜陈方达

图7-20 《闽西乡村》 作者 | 陈方达

图7-21 《长满青草的小院》 作者 | 陈方达

图7-24 《初夏》 作者｜陈方达

图 7-25 《欧洲风情系列之三》 作者 | 陈方达

图7-26 《丽水之夏》 作者 | 陈方达

图 7-27 《西递村》 作者 | 陈方达

图7-28　《徽村》　作者｜陈方达

图 7-29 《早春》 作者 | 陈方达

图7-30 《早春》 作者 | 陈方达